AF589811

CATALOGUE
DU CABINET
D'HISTOIRE NATURELLE
APRE'S LE DECE'S
DE M. CARLIN BERTINAZZI,
PENSIONNAIRE DU ROI,

DONT la Vente se fera le Lundi vingt-quatre Novembre 1783, & jours suivans, de relevée, Rue Neuve des Petits-Champs, au coin de celle de Richelieu.

On pourra y voir la totalité des Objets les deux jours qui précéderont la Vente.

Il se distribue à Paris,

Chez Me BIZET, Huissier-Commissaire-Priseur Rue Saint Honoré, vis-à-vis l'hôtel de Noailles.

Et chez le Sieur LEVIEUX, Naturaliste, Enclos du Temple.

M. DCC. LXXXIII.

AVERTISSEMENT.

Le choix du Cabinet de M. Carlin Bertinazzi eſt connu de tous les Amateurs : il ne s'eſt appliqué qu'à réunir l'utile & l'agréable, on y trouvera une ſuite très-nombreuſe de Coquilles du plus beau choix & des plus rares, des Minéraux, des Criſtalliſations de toutes eſpeces, des Armes & Uſtenſiles Indiens & Chinois, des Madrépores, des Litophytes, des Coraux, des Pierres, des Médailles d'argent, & autres Objets curieux qui méritent l'attention des Amateurs.

CATALOGUE
DU CABINET
D'HISTOIRE NATURELLE
DE M. CARLIN BERTINAZZI.

COQUILLES UNIVALVES.

Lépas.

1. UN Parasol Chinois.
2. Un Œil de Bouc, & six autres différentes Coquilles.
3. La tête de Meduse, très bien conservée, & cinq autres Lépas.
4. Un Lépas d'une belle couleur d'un beau rose, très-bien conservé, & cinq autres.

5. Douze Coquilles, Lépas différentes.
6. Onze autres.
7. Un très-beau Lépas à rayons, très-rare, & deux autres.
8. Le Lépas à Cabochon, d'un très-beau volume, & deux autres.
9. Une très-belle Oreille colorée, de la nouvelle Zélande.
10. Une Oreille à gondole, très-rare, & deux autres.

Tuyaux & Vermiculaires.

11. Un très-bel Arrosoir, très-bien conservé ; ayant trois pouces sept lignes.
12. Un très-beau Tire-Bourre, bien conservé, ayant deux pouces, & deux autres Vermiculaires.

Nautilles.

13. Un petit Nautille chambré & ombeliqué, des Indes, espèce rare, dont l'ombilic est à jour ; un pouce cinq lignes.
14. Un autre de la même espèce ; un pouce trois lignes.

15. Un Nautille papiracé de la Méditerranée.
16. Un autre de la même eſpèce.
17. Le grand Nautille des Indes Orientales.
18. Un Nautille papiracé à grains de riz des Indes.
19. Un autre, *idem*.
20. Un Eperon & une autre Coquille.

Limaçons.

21. L'Idole, très-bien conſervé, & d'un beau volume.
22. Un autre.
23. Un dit, appellé le Cordon Bleu, très-riche en couleur.
24. Un Limaçon ventreux, très-rare.
25. Deux autres différents.
26. Un très-beau Limaçon ventreux, bien coloré, & très-rare.
27. Un autre différent.
28. Un Limaçon appellé le teſticule, & deux autres.
29. Un Limaçon ventreux, & deux autres.
30. Un très-beau Limaçon terreſtre, & deux autres.

31. Huit autres Limaçons différents.
32. Un très-beau Cadran bien coloré, & deux autres.
33. Le Cornet de Postillon, & onze autres.
34. Douze Nerites différentes.
35. Douze autres.
36. Douze Coquilles différentes.
37. Une Bouche d'Or, & onze autres.
38. Deux beaux Œufs de Vanneau, très-riches en couleurs.

Buccins.

39. Deux beaux Buccins, nommés la Perdrix.
40. Deux Zèbres rayés, & la Perdrix.
41. Six Coquilles différentes.
42. Un Buccin de l'Amérique, & deux autres.
43. Une très-jolie Couronne d'Ethiopie.
44. Six Coquilles différentes.
45. La Conque Persique, & six autres.
46. Un Limas bouche à gauche.
47. Un Limas de la nouvelle Zélande, & cinq autres Coquilles.
48. Deux Punaises, l'Oreille de Midas, & quatre autres Coquilles.

Vis.

49. Un très-beau Scalata bien conservé, un pouce huit lignes.
50. Un Téleſcope d'un très-beau volume.
51. Un autre.
52. Une Mitre & une Tiare.
53. Deux Mitres & deux Aiguilles.
54. Deux Mitres & trois Aiguilles.
55. Une Vis de preſſoir, & cinquante autres belles Coquilles différentes, qui ſeront détaillées.
56. Douze Aiguilles différentes.

Murex ou *Rochers.*

57. Un beau Scorpion, très-riche en couleur & bien conſervé.
58. Un très-bel Amadis bien conſervé.
59. Une très-belle Muſique bien conſervée.
60. Une autre pareille.
61. Un très-beau Buccin bien conſervé.
62. L'Aigrette, l'Oreille d'Ours, & quatre autres Coquilles.
63. Un très-beau Lard, & cinq autres Coquilles.

64. La Licorne, & cinq autres Coquilles.
65. Douze Coquilles différentes.
66. La Musique couleur de rose.
67. Six Coquilles différentes.

Pourpres.

68. Deux belles Chicorées, & deux beliers.
69. Six Coquilles différentes.
70. Deux Aîles d'Ange, & quatre autres Coquilles.
71. Cinq autres Coquilles.
72. Une belle Massue épineuse, très-bien conservée.
73. Une Brûlée, & cinq autres Coquilles.
74. Une Brûlée, & huit Coquilles différentes.
75. Douze Coquilles différentes.
76. Deux Radix, & douze Coquilles différentes.

Conques Sphériques ou *Tonnes.*

77. Un Casque tacheté, & douze autres Coquilles.

78. L'Idole, & douze autres Coquilles.
79. La Perdrix, quatre Harpes, & quatre autres Coquilles.

Volutes.

80. Le très-beau Damier de la Chine, parfait en couleur, deux pouces; *c'est la plus belle Coquille que nous connoissons.*
81. Un très-bel Amiral d'Orange; il ne cède en rien au premier par sa perfection; un pouce neuf lignes.
82. Une très-belle aîle de Papillon, parfaite en couleur; un pouce neuf lignes.
83. Un très-bel Amiral, très-riche en couleur, parfait en tout; deux pouces.
84. Un autre semblable.
85. Deux très-belles Volutes violettes.
86. Deux Amiraux d'Angleterre.
87. Une fausse aîle de Papillon, très-belle en couleur, & d'un beau volume.
88. Une Tine de Beurre, & deux Rouleaux.
89. La Couronne Impériale, parfaite

en couleur, & trois autres Rouleaux.

90. Une autre Couronne Impériale.

91. Autre Couronne Impériale.

92. Un très-beau Tigre à bandes jaunes, & un autre Rouleau.

93. Deux beaux Rouleaux, appellés l'Aumuce, très-riches en couleur.

94. Une Couronne Impériale, & deux autres Rouleaux.

95. Deux Cordelieres, & deux autres Rouleaux.

96. Le Cierge, & six autres Rouleaux.

97. Neufs Rouleaux différents.

98. Une très-belle Brunette d'un beau volume.

99. Une Brunette, & un Taffetas.

100. Une Brunette, & l'Olive de Palamas.

101. Une très-belle Ecorchée à deux bandes, & très-riche en couleur.

102. Une Ecorchée, un Taffetas & deux Olives de Palamas.

103. L'Olive de Palamas, le Taffetas, l'Ecorchée, & une Brunette.

104. Un Taffetas couleur de rose, très-bien conservé.

105. Deux beaux Draps d'Or, très-bien conservés.

106. Six Coquilles différentes.
107. Six autres.
108. L'Amiral de Surinam, & cinq autres Coquilles.
109. Une Couronne Impériale marbrée, & six autres Coquilles.
110. Une Amadis & six autres Coquilles.
111. Un Cierge, & six autres Coquilles.
112. La Moire, & six autres Coquilles.
113. Autre Moire & six aures Coquilles.
114. Le Taffetas Violet, & six autres Coquilles.
115. La Piquure de Mouche, & six autres Coquilles.
116. La Brunette, & dix autres Coquilles.
117. Deux espèces de Cedonelli.
118. Une autre, & six autres Coquilles.
119. Une Moire, & sept Coquilles différentes.

Porcelaines.

120. Une belle Navette, parfaitement

conservée; trois pouces neuf lignes.

121. Une belle Géographie, & un Argus aussi très-beau.

122. Deux autres, *idem*.

123. Un Œuf, & six autres Porcelaines.

124. La Souris, la Neigeuse, & trois autres Coquilles.

125. Un Œuf, & quatre autres Coquilles.

126. Un autre Œuf, la Tuilée, & six autres Coquilles.

127. L'Arlequine, la Souris, & sept autres Coquilles.

128. Six Tigres.

129. Six Porcelaines différentes.

130. Une Géographie, & trois autres Porcelaines.

COQUILLES BIVALVES.

Huitres.

131. Une très-belle Crête de Coq bien colorée .....

132. Une autre, & une Feuille de Laurier.

133. Trois Arches de Noë, adhé-

rentes à un très-beau Grouppe de Gâteaux feuilletés.

134. Deux Huitres de Malte, & une de l'Amérique.

135. Deux Huitres de l'Amérique, & une de Malte.

136. Un Grouppe de deux Huitres de l'Amérique, avec un Vermiculaire adhérent, & une Huitre de Malte.

137. Un Grouppe de deux Huitres de Malte, & une Huitre de l'Amérique.

138. Deux Huitres de Malte & deux autres de l'Amérique.

139. Un Grouppe de deux Gâteaux feuilletés, deux Huitres de l'Amérique, & une de Malte.

140. Deux Huitres de l'Amérique, un Marron & une Huitre de Malte.

141. Un Grouppe de trois Huitres de la Méditerranée, trois Gâteaux feuilletés & un Marron.

142. Huit différentes Huitres.

143. Un superbe Marteau blanc, bien parfait; six pouces quatre lignes de long sur sept pouces cinq lignes de bras : *feu S. A. Monseigneur le*

Prince de Conti en a offert 60 louis.

144. Un autre Marteau brun, très-bien conſervé.

145. L'Enclume, très-bien conſervée, & d'un grand volume.

146. Cinq Hyrondelles, & quatre Pelures d'Oignons.

147. Une Selle Polonoiſe, qui n'eſt point bivalve.

148. Une très-belle Phétiere, bien conſervée.

149. Une Tuilée, très-bien conſervée & d'un beau volume.

150. Une autre Tuilée couleur de roſe, bien conſervée.

151. Un très-beau Chou Epineux, riche en couleur, & d'un gros volume.

152. Un autre Chou, auſſi d'un gros volume.

153. Un autre petit Chou bien épineux.

154. Un *Concha Exotica*, qui n'eſt point bivalve.

155. Une Huitre épineuſe des grandes Indes, & un Cœur à Volutes.

156. Un Chou.

157. Un Cœur à Rateaux, & un Cœur à volutes.

158. Trois Cœurs différents.

159. Quatre Manches de couteau, deux petites Tuilées, & un Daille.

160. Une belle Sole du Nord, bien colorée & de la grande eſpèce.

161. Deux Soles des grandes Indes.

162. Une belle Pintade dépouillée, chatoyante.

163. Une autre Pintade auſſi belle.

164. Une Pintade ſans être dépouillée, & une Tuilée.

165. Un Champignon adhérent à une grande Coralline.

166. Une Coralline couleur d'orange.

167. Une Sole ventreuſe, du Nord.

168. Un ſuperbe Manteau Ducal, parfait en couleur.

169. Un autre de la même eſpèce.

170. Deux Eventails.

171. Un Eventail, & un Bénitier.

172. Un Manteau Ducal.

173. Un peigne du Nord, & deux Bénitiers.

174. Trois Peignes différents, bien colorés.

175. Trois autres auſſi bien colorés.

176. Huit autres Peignes différents.

177. Six peignes, dont trois sont de Mahon.

178. Trois Peignes différents.

179. Douze Peignes différents.

180. Trois Pintades papiracées.

181. Trois Bénitiers, & dix Peignes differents.

182. Quatre Peignes, sur lesquels sont des Vermiculaires.

183. Deux Tellines, une Lanatte & une autre à rayons.

184. Deux Tellines, dont l'une nommée le Soleil couchant.

185. Trois autres différents.

186. La Langue d'Or.

187. Trois Tellines de différentes couleurs, dont l'une violette.

188. Trois autres, dont deux Soleils couchants.

189. Six différentes Tellines.

190. La Moule de Missisipi, & trois autres différentes.

191. Neuf Tellines, dont une violette à rayons.

192. La Corbeille, d'un très-grand volume, & parfaite.

193. Une très-belle Came colorée & très-rare.

194. Le Point d'Hongrie, & une autre Came.

195. Deux Cames rubannées.

196. La fausse Corbeille & une autre.

197. Deux Cames, l'une jaune & l'autre couleur de rose.

198. Deux de même, & une aussi couleur de rose.

199. Trois autres Coquilles.

200. Trois différentes.

201. Quatre différentes.

202. Cinq différentes.

203. Six différentes.

204. Un Abricot, & quatre autres.

205. Le point d'Hongrie, & le *Concha Rigosa*.

206. La Léventine & neuf différentes.

207. Huit Coquilles différentes.

208. Le Chagrin, & trois autres différentes.

209. Deux Chagrins, une Amande, & trois autres Coquilles.

210. Deux Chagrins, & quatre Coquilles différentes.

Cœurs.

211 Un très-gros Cœur de Venus, bien conservé.

212. Un très-gros Cœur à Soufflet.

213. Un très-beau *Concha Veneris*, très-bien conſervé.

214. Un autre, & cinq Cœurs différents.

215. Un Cœur à bateau, & cinq autres différents.

216. Douze Coquilles différentes.

217. Un *Concha Veneris*, & ſix Coquilles différentes.

218. Un très-beau Pavillon d'Orange, bien conſervé, & parfait en couleur ; deux pouces neuf lignes.

219. Une très-belle Maçonne du plus grand volume.

220. Deux belles Bouches d'argent.

221. Deux Veuves.

222. Deux Sabots, dont l'un eſt dépouillé.

223. Deux autres ſemblables.

224. Trois différents, plus petits.

225. Le Toît Chinois, & trois autres Coquilles différentes.

226. Deux Veuves, & deux Peaux de Serpent.

227. Deux Limas de Nègres, & quatre Coquilles différentes.

228. Une Bouche d'or, un Serpent, & un Dauphin.

229. Le Perroquet, & ſix Coquilles différentes.

230. Deux Dauphins, une Bouche d'argent, & une autre Coquille Vermiculaire.

231. Deux Limas de la nouvelle Zélande.

232. Cinq Sabots.

233. La Peau de Serpent, & huit autres différents Limas.

234. Un beau Cheval de friſe, très-bien conſervé, parfait en couleur, & l'Aigrette.

235. Deux Grimaces, & trois Coquilles différentes.

236. La Muſcade, la Conque Perſique & quatre Coquilles différentes.

237. Une Grimace, & huit Coquilles différentes.

238. La Gouttiere, & onze Coquilles différentes.

239. Une ſuperbe Moule de Magellan, bien polie.

240. Une belle Moule des Iſles Malouines, Violette.

241. autre, auſſi belle.

242. Une très-belle Moule bleue, de Magellan.

243. Deux Moules, l'une de Magellan & l'autre d'Alger.

244. Deux autres ſemblables.

245. Une ſuperbe Moule du Nord, bien colorée.

246. Deux belles Moules, dont l'une d'Alger, & l'autre verte.

247. Une Pholade, & une Moule jaune.

248. Une Pholade, & trois Moules différentes.

249. Une Pholade, & trois Moules différentes.

250. Une très-belle Moule du Rhin, l'Arche de Noë, la Langue de bœuf, & une Moule de Papoue.

251. Une Moule verte, un Daille, une Pholade, la Langue de bœuf, & la Moule de Papoue.

252. Une Moule Verte, deux Moules Violettes, une Langue de Bœuf, deux Arches de Noë, & trois autres Moules.

253. Une Moule verte, une Pholade, deux Langues de bœuf, & une Moule du Rhin.

254. Une très-belle Taſſe de Neptune, appellée le Mammelon, d'un gros volume.

255. Un très-beau Burgau dépouillé.
256. Un très-belle Nautille dépouillé.
257. Deux belles Veuves dépouillées.
258. Deux Chicorées.
259. Une Tonne, un Lard, & deux Coquilles.
260. Deux Lards & une Coquille.
261. Un beau Fuſeau de la grande eſpèce.
262. Trois Trompes de Neptune, & deux Tulipes.
263. Quatre Trompes de Neptune, & deux Tulipes.
264. Quatre Caſques, & un Alambic.
265. Une Araignée d'un grand volume, cinq Caſques, & un Alambic.
266. Cinq Oreilles, & trois Pintades.
267. Onze Coquilles différentes.
268. Vingt Coquilles différentes.
269. Quarante Coquilles différentes.
270. Trente Coquilles différentes.
271. Neufs Poulettes.
272. Deux petites Boîtes de coquilles différentes, rangées par caſes.
273. Une collection de petites Coquilles, rangées par caſes dans une autre boîte.

274. Douze Olives différentes.

275. Douze autres.

276. L'Amiral de Rumphius, & trois Flamboyantes.

277. Un autre Amiral de Rumphius, & trois autres Flamboyantes.

278. L'Amiral de Surinam, & six autres Coquilles.

279. Quatre Flamboyantes & dix autres Coquilles.

280. Cinq Casques & quatre Alambics.

Moules, Pinnes Marines.

281. Six Pinnes Marines, de différentes espèces.

Oursins.

282. Un grand Oursin à baguettes, de la Mer rouge.

283. Un autre de la Méditerrannée.

284. Deux Oursins, dont l'un est appellé l'artichaux, & un Poisson Plume.

285. La même chose.

286 Un pousse-pieds, & deux autres différents.

287. Cinq Oursins différents.

288. Huit Oursins, dont deux très-rares.

289. Huit, *idem.*

290. Huit, *idem.*

Etoiles.

291. Une très-belle Tête de Méduse, bien conservée.

292. Neuf Etoiles Marines différentes.

293. Dix, *idem.*

294. Neuf, *idem.*

Coraux & Madrepores.

295. Une très-belle Branche de corail rouge, dépouillée.

296. Une autre dépouillée, & trois autres différentes.

297. Trois, *idem.*

298. Trois, *idem.*

299. Un Rocher de Coraux Violets.

300. Six Coraux avec leur épiderme.

301. Une Superbe Branche de corail blanc.

302. Une Branche de corail articulée, & une autre différente.

303. Un très-beau Madrépore, nommé l'Amarante.

304. Un, *idem.*
305. Deux, *idem.*
306. Un autre Madrépore en éventail.
307. Deux autres, *idem.*
308. Deux autres, nommés l'Oreille d'Ours.
309. Trois autres différents.
310. Cinq différents.
311. Un très-beau Madrépore, nommé la Fraiſe.
312. Un autre, auſſi beau, nommé Crête de Coq, & rempli de vermiculaires.
313. Trois autres différents.
314. Deux Madrépores, dont l'un rempli de champignons.
315. Deux, *idem*
316. Un autre, & un Grouppe d'herbes pétrifiées.
317. Une belle Limace de la grande eſpèce.
318. Une autre petite, & trois Champignons.
319. Deux très-beaux Champignons.
320. Un Tuyau de Champignons, & trois autres différents.
321. Un ſuperbe Madrépore étoilé.
322. Un très-beau Cerveau Marin, de la rare eſpèce.

323. Deux Tuyaux d'Orgue d'une ſuperbe couleur.

324. Deux, *idem.*

325. Une Branche de corail, à laquelle eſt adhérente une Tête de Méduſe.

326. Une de corail noir, deux autres différentes.

Règne Végétal.

327. Pluſieurs Fruits des Indes, dont celui du Coubari; cinq Bonnets d'écorce d'arbre; deux grands Cocos des Indes; une Ceinture de Sauvage; la Racine Creuſe; le Bois à dentelle, & beaucoup d'autres.

328. Un très-beau Morceau de mine d'argent vitreuſe, en rameaux.

329. Un de la même eſpèce, & un autre de mine de cuivre.

330. Deux morceaux de mine d'argent vitreuſe, & un autre d'argent rouge, dans un quartz blanc.

331. Un beau morceau d'argent en rameaux; de Kousgberg en Norvège.

332. Autre ſuperbe morceau d'argent

en petites aiguilles, dans un quartz.

333. Un autre d'argent en feuilles, dans un quartz; du Perou.

334. Un autre superbe morceau de mine d'argent rouge, crystallisé.

Cuivre.

335. Un beau morceau de mine de cuivre; de Sibérie.

336. Deux autres, *idem.*

337. *Idem.*

338. Deux autres, *idem.*

339. Un autre aussi de la même espèce, & une autre mine.

340. Un superbe morceau de mine de cuivre crystallisée; de Siberie.

341. Un beau morceau de mine de cuivre, & deux autres mines différentes.

342. Un morceau, gorge de pigeon, & deux autres différents.

343. Deux autres, *idem.*

344. Un autre gros morceau, argent & cuivre.

345. Un très-beau morceau de Malachite poli; trois pouces de longueur, sur deux de large.

346. Un morceau de mine de cuivre, gorge de pigeon.

347. Trois autres mines différentes.

348. Quatre différentes.

349. Deux morceaux de mine, dont l'une en cubes & l'autre en cryſtaux.

350. Quatre morceaux de mines différentes.

351. Trois autres, *idem.*

352. Trois mines différentes.

353. Trois de la même eſpèce.

354. Quatre, *idem.*

355. Un beau Grenat.

356. Quatre mines différentes.

357. Neuf, *idem.*

358. Douze, *idem.*

Fer.

359. Un morceau de mine de fer; de Framont, & deux autres.

360. Trois morceaux de mine de fer, de l'Iſle d'Elbe.

361. Trois, *idem.*

362. Six autres morceaux différents.

363. Deux autres gros morceaux, *idem.*

364. Trois morceaux de mines différentes.

365. Un morceau de cinnabre, & un autre de plomb verd.

366. Six autres morceaux de mines différentes.

367. Un très-beau morceau de mine de soufre, crystallisé & natif, & un autre différent.

368. Un morceau de plomb blanc solide, & trois autres différents.

369. Six autres mines différentes.

370. Dix autres morceaux, *idem.*

371. Mine de Spath en cubes avec blendes.

372. Un autre morceau, *idem*, avec pyrites & galènes.

373. Masse de cuivre, passée à différents degrés.

Crystaux de Roche & autres ; & Agates différentes.

374. Un grouppe de crystaux de roche en canons, de 16 pouces de long, sur douze de large.

375. Un autre, *idem.*

376. Un *idem.*

377. Un très-beau morceau de crystal

d'Iris, & d'autres accidents.

378. Deux belles plaques de cryſtal, poli ſur toutes ſes faces.

379. Deux belles boules, *idem.*

380. Cinq autres morceaux, *idem.*

381. Dix, *idem.*

382. Deux vaſes anciens.

383. Quatre cornalines.

384. Vingt deux agates différentes, & arboriſées.

385. Vingt ſept autres agates.

386. Quatorze, *idem.*

387. Trois agates gravées.

388. Trois autres, *idem.*

389. Une agate-onyx gravée.

390. Trois, *idem.*

391. Trois, *idem.*

392. Cinq opales.

393. Dix-huit agates différentes.

394. Quatre plaques, *idem.*

395. Quatre, *idem.*

396. Deux Tabatieres d'agate,

397. Sept morceaux différents, *idem.*

398. Une boîte, & trois autres morceaux, *idem.*

399. Cinq morceaux différents.

400. Deux, *idem.*

401. Cinq, *idem.*

402. Cinq, *idem.*
403. Quatre, *idem.*
404. Neuf, *idem.*
405. Une coupe avec ſon pied.
406. Une autre avec ſon pied, garnie d'améthyſtes.

Jaſpes & Lapis.

407. Deux morceaux de jaſpe rouge, & ſept différents.
408. Huit autres ſanguins.
409. Quatre morceaux de jaſpe, & deux de lapis, de la plus riche couleur.

Aventurine.

410. Un très-beau morceau d'aventurine.
411. Trois autres, *idem.*

Caillou.

412. Une boîte composée de ſix morceaux de cailloux d'Angleterre.

Marbres & Albatres.

413. Huit morceaux de marbres différents.

414. Neuf, *idem.*
415. Six, *idem.*
416. Neuf, *idem.*
417. Une boîte d'albâtre.
418. Une autre boîte de Jaſpe.

Spaths Vitreux.

419. Un morceau de Spath, fauſſe améthyſte.
420. Un autre différent.

Pierres Figurées.

421. Une agate, de forme orbite, qui repréſente, avec exactitude, un Crucifix.
422. Un autre, faiſant tableau.
423. Un caillou, repréſentant parfaitement la tête d'un Mitron.
424. Un caillou d'Egypte, repréſentant une femme.
425. Un autre caillou, repréſentant la figure d'un homme connu.
426. Un autre, *idem.*
427. Six autres, avec des figures différentes.
428. Six, *idem.*

429. Sept *idem*.
430. Huit, *idem*.
431. Cinq, *idem*.
332. Sept, *idem*.
433. Six, *idem*; & plusieurs autres pierres différentes.

Pierrier.

434. Case sous verre, composée de pierres de différentes couleurs, & de différentes qualités; un autre lot de pierres fines, qui sera vendu sous le même numéro 434.

Pierres de Florence & autres, arborisées.

435. Trois pierres arborisées, & deux autres différentes.
436. Trois tableaux de pierres de Florence.
437. Deux, *idem*.

Plantes Marines.

438. Dix-huit plantes marines.
439. Deux tableaux de plantes marines, sous verre.

440. Deux, *idem.*

441. Deux, *idem*, & cinq autres petits.

442. Un Herbier en trois volumes, composé de 230 planches.

Poiſſons.

443. Le Requin.

444. Le Poiſſon-ſcie, & quatre autres différents.

445. Cinq, *idem.*

446. Sept autres, *idem.*

447. Quatre crabes différents.

Amphibies.

448. Un Crocodille.

449. Un, *idem.*

450. Une peau de ſerpent de Cayenne.

Crapauds & Tortues.

451. Un Crapaud, & ſept tortues différentes.

Inſectes.

452. Un Guêpier de Cayenne.

453. Quatorze cadres de différents papillons.

454. Un tableau composé d'insectes différents, tant des Indes, de la Chine & d'Amérique, que d'Europe.

455. Un autre semblable, faisant pendant, arrangé avec le même soin, & dans le même ordre.

Oiseaux.

456. Deux œufs d'Autruche.

457. Deux autres, dont l'un est travaillé.

458. Le pinçon d'Ardennes, & la tête d'un Pélican.

459. Un oiseau du Paradis, sous verre.

460. Un autre, *idem.*

461. Cinq oiseaux différents, des Indes, parfaitement bien conservés, sous un même verre.

462. Cinq, *idem.*

463. Un autre, très-rare, conservé aussi sous un verre.

464. Deux tableaux d'oiseaux, & un autre appliqué sur une étoffe, servant d'écran.

465. Le courlis rouge.
466. Deux hérons différents.
467. Une oie étrangère.

Sujets conſervés à l'eſprit-de-vin.

468. Un fœtus mâle, provenant d'une Négreſſe, conſervé dans un bocal.
469. Un gros Bernard l'Hermite, conſervé de même.
470. Une Araignée de Surinam, de la grande eſpèce, auſſi dans l'eſprit-de-vin.
471. Un Serpent, & quatre bocaux différents.

Habits & Uſtenſiles des Sauvages.

472. Une paire de bottes, & trois autres paires de chauſſures Chinoiſes.
473. Deux autres paires de chauſſures; un carquois garni de ſes flêches; trois écrans différents; un bouclier de compoſition; deux bonnets en plumes, & autres uſtenſiles.
474. Un ſuperbe écran chinois.

475. Deux racines taillées & sculptées par les Chinois, qui profitent des nodosités de ces racines, pour leur faire représenter divers personnages.

Pétrifications.

476. Une Corne d'Ammon, sciée & polie.

477. Une vertebre, sciée & polie.

478. Deux, *idem.*

479. Huit morceaux, *idem.*

480. Dix morceaux de cornes d'Ammon, sciés & polis.

481. Une noix, une figue & un doigt pétrifiés.

482. Douze morceaux différents de pétrifications.

483. Un autre lot, *idem.*

484. Plusieurs morceaux de bois pétrifié ; une plaque irrégulière de Feld-Spath, verd & violet, & un morceau de stalactite.

485. Plusieurs morceaux crystallisés, amethyste, agate & autres.

486. Un cœur parfait, & crystallisé dans une pierre ; il est surprenant par sa forme & sa couleur.

Porcelaine d'ancien Japon & de la Chine.

487. Deux grands vafes bleu-célefte, montés en cuivre doré d'or moulu, & deux pieds auffi dorés en or moulu.

488. Une thétiere de porcelaine blanche garnie de chaînes, bec & bouton en cuivre, doré d'or moulu.

489. Deux Pagodes de porcelaine coloriée.

490. Deux autres, *idem*.

491. Une belle & grande coquille de la Chine, émaillée, fur cuivre, & parfaitement bien coloriée.

Médailles en or, argent & cuivre.

492. Une grande Médaille d'argent, repréfentant d'un côté Louis XIV, & de l'autre les victoires qu'il a remportées fur les villes de Tournai & de Courtrai.

493. Une autre, repréfentant d'un côté une Minerve, & de l'autre les attributs de peinture & de fculpture.

494. Une, *idem*, la réforme d'Angleterre, &c.

495. Une, *idem*, Marie-Aug., Reine de France & de Navarre, &c.

496. Une de vermeil, repréſentant George-Guil., Duc de Bretagne, &c.

497. Une d'argent, repréſentant Henri IV, &c.

498. Une, *idem*, repréſentant le Maréchal de Saxe, &c.

499. Une autre, *idem*, Auguſte III, D. G. Roi de Pologne, &c.

500. La même, &c.

501. Johan, & Cornel de Wit, deux frères illuſtres & connus, &c.

502. Une autre repréſentant Louis XV, frappée à l'occaſion du mariage du Dauphin, &c.

503. Une de Louis XVI, frappée en 1778, &c.

504. Une autre de Louis XV, frappée en 1744, &c.

505. Une pièce du règne d'Henri IV, &c.

506. Une autre, *idem*, &c.

507. Une de vermeil, repréſentant Philippe IV, Roi d'Eſpagne, &c.

508. Une autre, repréſentant Louis XV, & frappée à l'occaſion du ſe-

cond mariage du Dauphin en 1747, &c.

509. Une, *idem*, Philippe V, Roi d'Efpagne, &c.

510. Une autre, repréfentant la Reine Anne, frappée en 1709, &c.

511. Une repréfentant Innocent XII, Souverain Pontif, &c.

512. Une autre, *idem*, Charles XII, Roi de Suède, &c.

513. Une, *idem*, frappée en 1770, à l'occafion du mariage du Dauphin, &c.

514. Une de Benoît XIV, Souverain Pontif, &c.

515. Une pièce de Louis XIII, frappée en 1641, &c.

516. Trois pièces anciennes différentes, &c.

517. Deux autres, *idem*, de vermeil, &c.

518. Trois pièces différentes de Hollande, &c.

519. Quatre autres pièces d'Allemagne.

520. Trois pièces de monnoye d'Angleterre, &c.

521. Deux autres de Portugal, &c.

522. Deux différentes, &c.

523. Neuf, *idem*, &c.

524. Deux petites pièces d'or, l'une de Hongrie, & l'autre du règne d'Henry IV.

Différentes pièces de Cuivre.

525. Un lot de différentes pièces, médailles & monnoyes : un autre lot sur le même N°.

526. Un autre lot d'anciennes médailles.

Bronze.

527. Un *Ecce Homo*, sur un pied de bois noir, garni en bronze.

528. Un autre, qui représente Apollon.

529. Deux animaux, dont l'un représente un cheval, & l'autre un taureau.

530. Deux cicognes.

531. Deux autres animaux chimériques.

Anciens Laques du Japon.

532. Une belle cassette, fond aventurine, &c.

533. Deux plateaux, & deux tasses, *idem.*

534. Deux cocos avec leurs coquetiers, dont l'un est garni en cuivre.

Miniatures.

535. Une jolie miniature Chinoise.

536. Une autre, *idem.*

537. Une autre de la même grandeur, représentant une petite Marchande.

538. Une d'un autre genre, peint sur ivoire, & trois petits objets différents.

539. Un portrait de femme, bien peint, avec sa boîte.

540. Une autre forme ovale, d'un grand auteur.

Sculpture en relief, & Figures.

541. Une rape de buis sculptée, représentant le jugement de Salomon, & un autre morceau en forme de gaîne, représentant l'histoire de Judith & d'Holopherne.

542. Un morceau de bois de cerf, sculpté en relief, & deux autres

boîtes de coco à pompes, ſculptées de même.

543. Une boîte de corne de bœuf d'Irlande, ſcupltée en relief, & garnie d'ambre, repréſentant des chaſſes.

544. Un grouppe de trois figures de buis, parfaitement ſculpté, & monté ſur un pied de bois noir.

545. Deux figures Chinoiſes, de terre cuite, remuantes, & bien ſculptées.

546. Deux autres figures, l'une d'albâtre, & l'autre de porcelaine, ſervant de chandeliers, & montées ſur leurs pieds dorés d'or moulu.

547. Deux figures de cire, repréſentant deux vieillards, ancien coſtume, dans une boîte ſous verre.

548. Deux grands tableaux de marbre, forme ovale, repréſentant deux Empereurs Romains.

Bouquets, & Animaux en Coquilles.

549. Deux petits bouquets, partie en coquilles, dont les vaſes ſont garnis en perles fines.

550. Deux corbeilles de fleurs en co-

quilles de différentes couleurs, ſous caſes de verre.

551. Deux autres bouquets dans des pots, *idem.*

552. Un chien, couvert de petites porcelaines.

553. Deux oiſeaux, en coquilles différentes.

554. Deux figures, homme & femme, auſſi en coquilles.

Plats d'Œufs, & Fruits de différentes eſpèces.

555. Un plat d'œufs en quartiers, de terre cuite.

556. Un autre plat, composé d'œufs entiers & en quartiers; le tout d'albâtre.

557. Deux plateaux de marbre, couverts de fruits de différentes eſpèces.

558. Trois belles grappes de raiſins blancs en cire, & dix-huit ceriſes.

559. Différents fruits des Indes.

Tableaux Chinois, en papier peint, & autres peints ſur papier.

560. Un grand tableau, repréſentant

différentes manufactures Chinoises.

561. Un autre, *idem.*

562. Un autre grand, représentant différents personnages Chinois.

563. Deux autres plus petits, *idem.*

564. Un livret de six petits tableaux Chinois, peints sur papier, & à double face.

565. Quatre tableaux Chinois, peints sur papier.

566. Quatre, *idem.*

567. Quatre, *idem.*

Objets différents.

568. Vingt pierres de compositions de différentes couleurs, & divers objets, tirés sur des médailles antiques & curieuses.

569. Vingt-huit, *idem.*

570. Sept morceaux d'ambre différents, avec insectes.

571. Un collier d'agate, & un chapelet de corail.

572. Deux lampes sépulchrales, de grandeur différente.

573. Deux défenses de poissons licornes, dont l'une de sept pieds huit

pouces, & l'autre de trois pieds huit pouces.

574. Une collection de petites artifices Chinoises.

575. Une corne de Rhinocéros.

576. Une pierre d'aimant.

577. Un poignard, à manche de nacre de perle.

578. Un autre poignard, & un stylet.

579. Un canon d'Espagne, & fort ancien.

580. Onze bocaux de petites coquilles différentes.

581. Plusieurs bocaux de graines, & plantes différentes.

582. Beaucoup d'autres choses, qui seront vendues séparément.

MEUBLES,

Propres à renfermer des Curiosités Naturelles.

1. Une grande armoire garnie de ses glaces, s'ouvrant en face, & sur les côtés.

2. Un bureau peint, ſervant de coquiller, ayant vingt-quatre tiroirs.
3. Quatre montres, ſemblables en tout, avec chacune un panneau de verre en toute leur longueur.
4. Deux autres ſervant de baſe aux ſuſdits, & ayant auſſi deux panneaux; mais moins grands: quantité de tablettes, garnies toutes de leurs cages de verre.

Il ſera vendu beaucoup d'autres objets qui ſeront détaillés.

FIN.

Lû & approuvé, le 15 Octobre 1783.
COCHIN.

Vû l'Approbation, permis d'imprimer, le 17 Octobre 1783. LENOIR.

Chez KNAPEN & FILS, Imprimeurs de la Cour des Aides, au bas du Pont S. Michel.

CABINET d'Hiſtoire Naturelle de feu M. CARLIN BERTINAZZI.

Feuille indicative des Numéros des articles qui ſeront vendus le Lundi 24 Novembre 1783 & jours ſuivans.

Lundi 24 Novembre 1783, de relevée.

Coquilles, Criſtaux, Coraux, Madrepores, Oiſeaux, Jaſpes, &c.

N°. 1, 24, 35, 39, 57, 68, 84, 92, 93, 115, 133, 134, 146, 147, 148, 149, 162, 165, 168, 173, 184, 194, 211, 219, 220, 221, 222, 247, 295, 306, 307, 308, 374, 375, 376, 407, 408, 409, 410, 411, 412, 419, 420, 456, 457, 458, 459, 461, 462, 463, 464, 468, 469.

Le Mardi 25 Novembre.

N°. 2, 8, 13, 25, 36, 40, 58, 69, 85, 95, 96, 116, 124, 150, 151, 163, 166, 167, 169, 174, 185, 195, 212, 213, 224, 225, 226, 248, 271, 296, 309, 310, 377, 378, 379, 443, 444, 445, 446, 447, 448, 449, 450,

451, 452, 460, 465, 466, 467, 477, 555, 556, 557.

Mercredi 26 Novembre.

N°. 3, 14, 26, 37, 41, 59, 70, 86, 97, 98, 117, 135, 152, 161, 164, 170, 175, 186 196, 197, 213, 227, 228, 229, 230, 249, 297, 311, 312, 380, 381, 382, 478, 549, 550, 551, 552, 553, 554, 568 & 569, 570, 571, 572, 573, 574, 575, 576, 577, 578, 579.

Jeudi 27 Novembre.

N°. 4, 15, 19, 27, 38, 42, 60, 71, 87, 99, 100, 118, 136, 153, 154, 155, 160, 171, 176, 187, 192, 198, 214, 231, 232, 233, 234, 250, 298, 313, 314, 383, 384, 385, 405, 406, 413, jusques & compris 416, 417, 418, 421, 422, 423, 424, 425, 426, 427, 428, 429, 430, 431.

Vendredi 28 Novembre.

N°. 5, 16, 28, 31, 43, 52, 61, 72, 88, 101, 102, 119, 131, 137, 156, 157, 158, 159, 172, 177, 188, 193, 199, 215, 235, 236, 251, 265, 266, 267, 268, 269, 270, 272, 273, 281, 282, 283, 285, 286, 291, 292, 293, 294, 299, 386, 387, 388, 476, 480.

Samedi 29 Novembre.

N°. 6, 11, 12, 17, 29, 44, 46, 53, 55, 62, 64, 73, 89, 103, 104, 121,

132, 138, 178, 189, 200, 201, 216, 237, 238, 239, 252, 274, 275, 276, 277, 278, 279, 280, 287, 288, 289, 290, 300, 315, 316, 434, 435, 436, 437, 438, 439, 440, 441, 442, 4[illegible]1, 484.

Lundi, premier Décembre.

N°. 7, 18, 30, 45, 54, 63, 74, 75, 78, 82, 83, 90, 91, 105, 106, 107, 108, 122, 123, 139, 140, 144, 145, 179, 180, 190, 191, 202, 203, 217, 218, 240, 241, 242, 253, 284, 301, 317, 318, 389, 390, 391 432, 433, 470, 471, 472, 473, 474, 475, 558, 559.

Mardi 2 Décembre.

N°. 9, 20, 32, 47, 56, 65, 76, 79, 81, 94, 109, 110, 120, 125, 130, 141, 181, 204, 243, 244, 254, 255, 256, 257, 258, 302, 303, 319, 320, 321, 322, 327, 328, 329, 335, 338, 339, 340, 341, 342, 351, 352, 353, 359, 364, 365, 366, 392, 393, 395, 396, 397.

Mercredi 3 Décembre.

N°. 10, 21, 33, 48, 50, 66, 77, 80, 111, 112, 126, 127, 142, 143, 182, 205, 206, 245, 259, 260, 261, 263, 304, 323, 324, 325, 330, 331, 336, 343, 344, 345, 354, 355, 356, 360, 367, 368, 369, 394, 398, 399,

400, 401, 482, 483, 580, 581, partie du n°. 582.

Jeudi 4 Décembre.

N°. 22, 23, 34, 49, 51, 67, 113, 114, 128, 129, 183, 207, 208, 209, 210, 246, 262, 264, 305, 323, 326, 332, 333, 334, 337, 346, 347, 348, 349, 350, 357, 358, 361, 362, 363, 370, 371, 372, 373, 402, 403, 404, 453, 454, 455, 485, 486, 560, 561, 562, pages, 45 & 46, du Catalogue, n°. 1, 2, 3, 4.

Vendredi 5 Décembre.

Médailles d'or, d'argent & cuivre; Bronzes, Sculptures, Porcelaines, Laques, Miniatures, &c.

N°. 487, 488, 489, 490, 491, 492, 493 & 494, 495 & 496, 497 & 498, 499, 500 & 501, 502 & 503, 504 & 505, 506 & 507, 508, 509 & 510, 511 & 512, 513, 514 & 515, 516, 517, 518, 519, 520, 521 & 522, 523, 524, 525, 526, 527, 528, 529, 530, 531, 532, 533, 534, 535 & 536, 537, 538, 539, 540, 541, 542, 543, 544, 545, 546, 547, 548, 563, 564, 565, 566 & 567.

FIN.

www.ingramcontent.com/pod-product-compliance
Ingram Content Group UK Ltd.
Pitfield, Milton Keynes, MK11 3LW, UK
UKHW021944260726
13994UKWH00004B/1516

9 782329 333144